DES SOURCES

THERMALES ET MINÉRALES

DE L'ALGÉRIE

AU POINT DE VUE DE L'EMPLACEMENT DES CENTRES

DE POPULATION A CRÉER

PAR

Le Dʳ E. BERTHERAND

Membre du Conseil d'Hygiène
et de Salubrité publique du département d'Alger,
Secrétaire général de la Société des Sciences physiques, naturelles
et climatologiques d'Alger,
Correspondant de la Société médicale d'Hydrologie de Paris,
Chevalier de la Légion-d'Honneur, etc.

———

AVEC UNE CARTE

———

ALGER

IMPRIMERIE DE L'ASSOCIATION OUVRIÈRE V. AILLAUD ET Cᵒ

1875

DES SOURCES

THERMALES ET MINÉRALES

DE L'ALGÉRIE

OUVRAGES CONSULTÉS :

1° VILLE. Recherches sur les Roches. les Eaux et les Gîtes minéraux des provinces d'Oran et d'Alger. 1852.

2° — Notice minéralogique sur les provinces d'Oran et d'Alger. 1858.

3° — Notice sur les Gîtes minéraux et les Matériaux de constructions de l'Algérie. 1869.

4° — Exploration géologique du Beni-M'zab, du Sahara et de la région des Steppes de la prov. d'Alger. 1872.

5° PAPIER. Essai sur le Catalogue minéralogique algérien 1873.

6° FOURNEL. Richesse minérale de l'Algérie. 1849. 2 vol.

7° Mémoires de Médecine et de Pharmacie militaires.

8° Gazette médicale de l'Algérie (1855-1875).

9° Bulletin de la Société des Sciences physiques, naturelles et climatologiques d'Alger (1864-1875).

10° E. BERTHERAND. 1° De l'Emploi thérapeutique des Eaux minérales de Teniet-el-Hâad. 1849.

11° — Hygiène et Médecine des Arabes. 1855.

12° — Les Eaux minérales et les Bains de mer en Algérie. 1860.

DES SOURCES

THERMALES ET MINÉRALES

DE L'ALGÉRIE

AU POINT DE VUE DE L'EMPLACEMENT DES CENTRES
· DE POPULATION A CRÉER

PAR

Le Dr E. BERTHERAND

Membre du Conseil d'Hygiène
et de Salubrité publique du département d'Alger,
Secrétaire général de la Société des Sciences physiques, naturelles
et climatologiques d'Alger,
Correspondant de la Société médicale d'Hydrologie de Paris,
Chevalier de la Légion-d'Honneur, etc.

AVEC UNE CARTE

ALGER
IMPRIMERIE DE L'ASSOCIATION OUVRIÈRE V. AILLAUD ET Cᵉ

1875

DES SOURCES

THERMALES ET MINÉRALES

DE L'ALGÉRIE

AU POINT DE VUE DE L'EMPLACEMENT DES CENTRES
DE POPULATION A CRÉER

Le choix des emplacements des villages algériens est certainement la question qui importe
le plus à leur développement et à leur avenir.
La rapidité du peuplement y est donc entière-
ment liée. Mais que d'intérêts variés à satisfaire
dans la désignation de cette assiette! La situation,
l'étendue et la qualité des terres disponibles, —
les eaux au point de vue de l'abondance, de l'aménagement et des irrigations, — la facilité d'ou-
vrir des voies de communication avec les centres
voisins ou les routes principales. — la proximité
de bois, de futaies, d'essences, de marchés, de
carrières, de mines, de stations de chemins de fer,
de caravensérails, d'établissements industriels,
sans compter les raisons stratégiques qu'inspirent
les besoins d'une défense efficace contre les at-
taques et les insurrections ! N'oublions pas non

plus la question d'hygiène publique, la salubrité locale, l'assainissement. C'est donc bien une affaire capitale que la désignation définitive d'un centre de colonisation.

Qu'il nous soit permis d'attirer l'attention du Gouvernement sur les avantages qu'il y aurait à tenir compte également de la proximité des eaux minérales : d'un côté, parce qu'elles sont extrêmement nombreuses en Algérie, n'en dût-on juger déjà que par la quantité de ruines romaines de leurs thermes ; d'autre part, en raison de l'importance locale que les stations balnéaires, même la simple exportation, la seule vente des liquides minéralisés, ajouteraient à la prospérité des villages.

Dans un travail publié en 1860, dans la *Gazette des Eaux*, je constatais l'existence de 90 sources thermo-minérales dans nos trois provinces. Je dresse aujourd'hui la carte de toutes ces richesses ; un simple coup d'œil permettra donc d'apprécier l'emplacement, la nature, la distance des centres de colonisation, d'un bien plus grand nombre de ces sources, puisque de nouveaux renseignements les élèvent au chiffre d'environ 140 (1). On se rendra ainsi facilement compte,

---

(1) En France, on compte 246 stations hydro-minérales. Quand tout le territoire algérien aura été bien exploré, nul doute qu'il n'aura rien à envier, sous ce rapport, à la mère-patrie.

soit des villages à placer près des plus importantes, soit des chemins de communication à établir pour les relier aux centres déjà existants.

Dans cette carte, le nom de chaque source est
précédé d'un petit cercle diversement ornementé
ou colorié, selon la composition chimique des
eaux (voir la légende) : la nature mixte de certaines eaux a été indiquée par la réunion des
couleurs sus-désignées ; ainsi, « vermillon et
noir, » signifie une eau tout à la fois ferrugineuse et arsénicale.

Les sources dont l'analyse chimique a révélé
la composition quantitative sont spécifiées par
le signe + placé a la suite de leur nom.

Bien certainement, en l'état actuel des publi-
cations éparses sur la question, j'aurai involon-
tairement omis un certain nombre de sources
éprouvées précédemment par l'analyse du labo-
ratoire, ou encore mal déterminées par des indi-
cations vagues, peu précises ; aussi accepterais-je
volontiers tous les renseignements complémen-
taires ou les rectifications qui me seraient adres-
sés.

Dans l'impossibilité de surcharger une carte
de toutes les données relatives à chaque source,
j'ai résumé ci-après les renseignements fournis
sur la température de chacune, ses propriétés,
son débit, les ruines ou les constructions récen-
tes qu'on y trouve, l'emploi médical ou agricole
qu'en ont fait les Indigènes et les Européens ;

enfin, la similitude avec les eaux les plus renommées d'Europe, est également donnée sous
le titre de chaque section de la classification, et
pour faciliter les recherches, les eaux sont présentées dans l'ordre alphabétique.

Eaux alcalines.

Similaires · SAINT-GALMIER, VICHY, VALS, LUXEUIL,
BOURBONNE, PLOMBIÈRES, POUGUES. ETC.

—

EL-AFFROUN (*Analysée*). — 26 kilom O. de Blida, dans le
lit de l'O. Djer. — Alcaline bicarbonatée. — Point de
captage. — Utile dans les affections des voies digestives, du foie et de la vessie.

HAMMAM BOU HANÉFIA — A 20 kil. de Mascara, rive
droite de l'O. el Hammam, sur la route de Sidi-bel
Abbès — Alcalines, 66° c. — Etablissement. — Très
fréquentées par les Européens et les Indigènes pour la
faiblesse et la stérilité.

HAMMAM GROUSS. — Sur la route de Sidi-bel-Abbès à
Mascara. — Alcalines. — 35°.

HAMMAM GUEURGOUR. — A 40 kil. N.-O. de Sétif, près la
route de Bougie. — Très abondantes. — Alcalines. —
Très chaudes.

HAMMAM MTA SIDI DJABALLAH. — Dans la vallée de la
Cheffia, près La Calle. — Traces de constructions romaines. Alcalines, 35°.

HAMMAM SIDI ABDELI. — Sur la rive gauche de l'Isser, à
7 kil. E. du pont en pierre de la route d'Oran à
Tlemcen, dans le cercle de Sidi-bel-Abbès. — Bassin
naturel ; vestiges de constructions romaines. — Débit

de 150,000 litres à l'heure. — Alcalines, 38°. — Utilisées par les Arabes dans les maladies syphilitiques.

SALAH-BEY (*Analysée*). A 6 kil. O de Constantine. — Vestiges de constructions romaines. = Débit de 150,000
litres à l'heure. — Alcalines carbonatées . 27 à 35° —
Utiles dans les dyspepsies, les névralgies, les convalescences longues.

Eaux arsénicales.

Similaires : LA BOURBOULE, BUSSANG, CRANSAC, VICHY,
MONT-DORE, ETC.

HAMMAM RIR'A (*Analysée*). — La source froide gazeuse et
bi- carbonatée d'Aïn-el-Hamza.

HAMMAM MELOUANE (*Analysée*).

HAMMAM MESKOUTINE (*Analysée*). — Sources salines chlorurées-sodiques.

SOURCE DU DJEBEL TOUILA (*Analysée*).

(Voyez ces sources dans leur nomenclature spéciale).

Eaux bromo-iodurées.

Similaires : EAUX DE CHALLES, DE KREUZNACH, DE SA-
LINS, ETC.

HAMMAM MELOUANE (*Analysée*).

BOUDZARÉAH (EAU DE LA) (*Analysée*).

(Voyez plus loin chacune de ces sources).

Conviennent dans la scrofule, les engorgements articulaires chroniques, les cachexies, etc.

Eaux ferrugineuses.

Similaires : BUSSANG, FORGES, SPA, PYRMONT, CHATELDON, PLOMBIÈRES, ETC.

—

AIN DAHLA. — Près de la localité du même nom. — Source abondante. — Employée par les Indigènes dans les fièvres intermittentes, l'anasarque, l'aménorrhée.

AIN HAMŽA (*Analysée*). — Nom de la source ferrugineuse acidule située à 1,300 m. des Thermes d'Hammam Rir'a, à 16 kil. N.-E de Miliana, à 7 kil. de Bou-Medfa — Ferro-bi-carbonatées, 19° ; 1,600 litres par heure. — Réservoir et fontaine — Appelées par les Arabes « Aïn-Karsa » (la fontaine acidule). — Usitées comme toniques, stimulantes ; facilitent les digestions, activent les urines ; conviennent dans la faiblesse constitutionnelle.

AIN-HAMAMA. — A 3 kil. N.-E. de Miliana, à l'embranchement de la route muletière de Cherchell, dans le ravin de l'O. el Hammam. — Ferrugineuse gazeuse : 29°. — 1,500 litres à l'heure. — Bues par les Arabes des alentours.

AIN SDIDIA (c'est-à-dire l'eau rouillée). — A l'endroit dit Stidia, à 17 kil. S.-O. de Mostaganem. — 16° ; débit abondant.

AIOUN SKHAKNA (*Analysée*) (jadis chaudes). — A 2 kil. d'Alger, à l'entrée du Frais-Vallon. — 4 sources dont la plus importante donne 400 litres à l'heure. — Ferrugineuse carbonatée : 17° — Très employées dans les cachexies, la chlorose, les troubles cataméniaux, la scrofule ; vantées par les Arabes dans la stérilité.

BORDJ-BOUIRA. — Au bordj de ce nom (cercle d'Aumale) — Ferrugineuses gazeuzes.

BOUDZARÉAH (EAU DE LA) (*Analysée*). — A 7 kil. S.-O. d'Alger, près du village du même nom, dans le fond

d'un vallon. — Abondante ; 14 à 15°. — Ferrugineuse,
chlorurée et bicarbonatée. — Utile dans l'anémie, la
dyspepsie.

DJEBEL TOUILA — Près du gîte métallifère du même nom
dans la province d'Oran. — Abondantes. — Ferrugineuses arsénicales.

DRA EL KAID. — Au pied du djebel du même nom, près de
l'Oued Agrioun (C. de Takitount). — Ferrugineuse gazeuse. — Utilisée comme eau de table. — Ruines romaines.

DRÉA. — Dans la plaine de ce nom (Cercle de Bouçada). —
Source abondante. Très fréquentée par les Indigènes.

EAU DU CAP CAVALLO. — Près de Djidjelli. — Froide.

FENNAIA (Source des). — Près de Bougie. — 17°.

HAMMAM MESKOUTINE (Analysée). — A 1 kil. des thermes
du même nom, à 18 kil. de Guelma (pr. de Constantine). — Ferrugineuses sulfatées ; 78°. — 4 à 5,000 litres
à l'heure. — Très utilisées.

HAMMAM RIR'A. — (Voyez plus haut Aïn-Hamza).

HAMMAM SIDI DJOUDI. — Dans le Gueurgour (subdiv. de
Sétif). — Très abondantes ; 18°. — Réputées pour la
guérison des blessures.

HAMMAM SIEDERS (Analysée) — Au 29e kil. sur la route
de Constantine à Batna ; à peu de distance de l'usine
du Comte de Montebello. 10° C. — Débit de 140 litres
à l'heure. — Acidule ferrugineuse.

MA-ALLAH. — Entre Milah et Djemilah (prov. de Constantine. — Très renommées.

OUED EDDJELATA. — A 11 kil. S.-O. de Dra-el-Mizan.
— 3 sources ; 17 à 18°. — 400 litres à l'heure — Utilisées à l'hôpital militaire de Dra-el-Mizan.

OULED AZIZ. — Dans la tribu de ce nom, en Kabylie. —
Ferrugineuses gazeuses.

STORA. — Au pied de la montagne, près de Stora — Vestiges de constructions romaines. — 2 sources.

TENIET-EL-HAD (Analysée). — A 3 kilom. de ce poste (60
kil. S.-O. de Miliana), dans la forêt des Cèdres. —

Plusieurs sources, dont une abritée par un toit. —
12°.— 8,000 litres à l'heure.—Ferrugineuse carbonatée.
— Employée avec succès dans les engorgements abdominaux chroniques, les diarrhées anciennes, la chlorose, les ulcères, etc.

THALA H'ADID — A l'O. de la tribu de ce nom, chez les
Zeghfaoua, près de Tiza (Kabylie). — Ferrugineuse
très renommée.

Eaux gazeuses simples.

Similaires : SELTZ, CONDILLAC, SAINT-GALMIER, SOULTZ-
MATT, CHATELDON, ETC.

—

AIN EL KARSA. — Chez les Beni-Menad (Prov. d'Alger)
— 32°

AIN-SENNOUR (*Aualysée*). — Route de Bône à Soukarras, à
12 kilom. de ce dernier point. — Froide. — Eau de
seltz. — Utilisée pour la table à Soukarras

ARCOLE. — Source à 2 kil. N.-E. de ce village, et à 10 kil.
N.-E d'Oran. — 250 litres par heure. — Vendue à
Oran comme eau de Seltz.

BEN HAROUN (*Analysée*). — A 10 kil. S.-S.-O. de Dra-el-
Mizan (Kabylie) — 4 sources, dont trois recueillies
dans des bassins abrités. — Débit total de 40 hecto-
litres par jour. — 16 et 18°. — Utiles dans la dyspepsie, l'anémie, les fièvres anciennes.

MOUZAIA-LES-MINES (*Analysée*). — A 1 kil. N. du village
de ce nom ; sur la rive droite de l'O.-Bou-Roumi ; à
14 kilom. de Médéa — 2 bassins : 4 à 5.000 litres
par jour. — 18°. — Usitées dans les maladies du foie,
des voies urinaires, la chlorose, l'embarras gastrique,
la dyspepsie, les fièvres intermittentes, etc.

Eaux salines.

Similaires : Niederbronn , Hombourg , Kissingen , Louesche, Contrexéville, Sedlitz, Carlsbad, etc.

—

AIN-DJEROB — A 5 kil. N.-E. de Zerguin (prov. d'Alger), au pied du Djebel Daoura (région N des steppes). — Très abondantes : 27°. — 28,000 litres à l'heure. — Saline carbonatée. — Usitée chez les Indigènes dans les maladies de peau.

AIN EL HAMMAM — A 20 kil. de Mascara, près des Hachem. — Saline. 50°. — Sert de bain anti-psorique aux Arabes

AIN EL HAMMAM. — A 6 kil. N.-O. de Sebdou, sur la rive gauche de la Tafna. — 2 sources distantes de 50 mètres : l'une, débit de 2,000 mèt cub. par jour, l'autre, 500 mèt. cub. par jour — Salines carbonatées : 25°.

AIN EL HAMMAM — Sur le revers N.-E. du Thessalah. — 16°. Débit de 1,000 mèt. cub par jour. — Jadis très-chaude, s'est refroidie depuis.

AIN EL HAMMAM. — Sur la rive droite de la Mekerra, chez les Ouled Sidi Ali ben Youb. — 19,000 mèt cub. par jour — Saline chlorurée ; 25°. — Ruines d'un ancien bain.

AIN EL HAMMAM (*Analysée*). — A 6 kil. O. de Sebdou, dans les Traras, sur la rive gauche de l'O. el Hammam. — Saline carbonatée calcique : 25°. — 400 mèt. cub. par jour.

AIN EL HAMZA (*Analysée*). — A 3 kil. E. de Takitount, route de Sétif à Bougie. — Saline carbonatée calcique et gazeuse. — Utilisée dans la prov. de Constantine comme eau de table, et à l'hôpital de Sétif comme eau de Vichy.

AIN FESGUIA. — Au S. de la route de Constantine à Batna. 18 à 19° — 200 litres par seconde.

AIN KEDDARA. — A 2 kil. S.-O. de Zerguin (prov. d'Alger), au pied du Djebel Daoura. — 26°. — Débit de 200,000 litres à l'heure.

AIN MALAH. — (*Analysée*). — A 4 kil. E. d'Orléansville. — Saline chlorurée sodique. — Utilisée par les Arabes en boisson.

BAINS DE LA REINE (*Analysée*). — (Que les Arabes appellent *Hammam Sidi Dedeyob*). A 3 kil. O. d'Oran, sur le bord de la mer. — Etablissement spacieux. — 4 sources, débit total de 6,000 litres à l'heure. — Saline chlorurée sodique : 45°, 47°. 50° et 52°. — Employées dans les affections rhumatismales, les engorgements abdominaux, les lésions osseuses, les scrofules, certaines maladies de la peau, la goutte, les névralgies.

EAU DU FRAIS-VALLON (*Analysée*). — A 3 kilom. d'Alger, propriété Caldumbide. — Plusieurs bassins : débit abondant — Saline chlorurée : 18°. — Avantageuse dans les maladies et engorgements des viscères abdominaux.

GAR-ROUBAN (Eau de) (*Analysée*). — Dans l'oasis de Sidi Yahia. — Saline carbonatée calcique : 20°

HAMMAM AMIGA. — Dans le cercle de La Calle. — 37°

HAMMAM BARAI — Au pied de l'Aurès. — 60 et 70°

HAMMAM DES BENI FOUGHAL. — Cercle de Guelma. — Usitée dans les rhumatismes et la gale.

HAMMAM BENI GUECHA. — A 65 kil. S.-O. de Constantine, et à mi-chemin de Constantine à Sétif. — Plusieurs sources : 45°. — Très renommées dans les affections des os et de la peau.

HAMMAM BENI-SERMEN. — Chez les Berbecha, près de Bougie. — Salines très chaudes.

HAMMAM-BEURDA (c'est-à-dire le bain du bât), (*Analysée*), l'ancienne *Villa Serviliana*, et d'après Dureau de la Malle, Hammam el Merda, c'est-à-dire bain des Merdès, nom de la tribu berbère qui peuplait jadis cette localité — A 7 kil. N. de Guelma, près d'Héliopolis. — Ruines de bassins romains. — Sources nombreuses récoltées dans un vaste bassin : eaux assez abondantes pour faire tourner des moulins et irriguer de vastes propriété. — Saline carbonatée calcique, 29°. — Employées dans les affections de la peau.

HAMMAM BOU-HADJAR (*Analysée*). — A 7 kil. du village de la M'leta, à 8 kil. de la route d'Oran à Tlemcen, à à 50 kil. S.-O. d'Oran, à 14 kil. N.-E. d'Aïn-Temouchent. — Ruinçs de bassins romains ; piscine et chambres construites par le Génie. — Salines chlorurées, 55°. — 600 litres par heure. — Très fréquentées par les Indigènes qui ont bâti un bain maure tout auprès — Utilisées par les Arabes dans la syphilis constitutionnelle, les douleurs rhumatismales, la lèpre psoriasique, la chlorose, etc.

HAMMAM BOU SELLAM (*Analysée*). — A 200 kil. S -O de Sétif, près du Bou-Thaleb. — 8 sources reçues dans plusieurs bassins naturels : 3,000 litres par heure. — Salines chlorurées-sodiques : 47 à 54°. — Employées par les Arabes dans les fièvres intermittentes anciennes, la syphilis, les rhumatismes, etc.

HAMMAM BOU-THALEB (*Analysée*). — A 60 kil. S. de Sétif, chez les Ouled Séfiane, près du village arabe El Hammam. — Plusieurs bassins naturels ; sources nombreuses ; 1,200 litres par minute. — Salines chlorurées : 53°.

HAMMAM DJEBEL NADOUN. — Près de Guelma. — Ruines romaines. — 32°. — Employées par les Arabes contre la syphilis invétérée, les maladies cutanées et rhumatismales.

HAMMAM EL RORFA. — Au N.-E. du Djebel Amour (prov. d'Alger. — 40 à 45°.

HAMMAM GHELLAIA. — Entre Philippeville et Bône. — Trois sources. — 41 à 58°.

HAMMAM KABÈS ou *Hammam Matmata*, à 16 kil. O. de Kabès (prov. de Constantine), sur la route de Kabès à Tozer. — Anciennes *Aquæ Tacapitanæ*. — Plusieurs chambres pour les baigneurs. — 47°.

HAMMAM MELOUANE (*Analysée*). — Dans une gorge de
l'Atlas, à 8 kil. du village de Rovigo (à 36 kil. S.-E
d'Alger). — Un puisard et un marabout qui couvre une
piscine carrée. — 2,600 litres par jour. — Salines
chlorurées sodiques : 39 et 42°. — Fréquentées par les
Arabes et les Israélites pour les scrofules, le lymphatisme, les engorgements chroniques, la goutte, les
rhumatismes, les maladies de la peau.

HAMMAM MENSOURA. — Au fond d'un ravin, sur la route
de la Medjana à Aumale. — Très chaudes.

HAMMAM MESKOUTINE (*Analysée*). Anciennes *Aquæ tibili-
tanæ*. — A 10 kil. O. de Guelma. — Débris d'établissements romains : constructions civiles et hôpital. —
4 grands bassins : 100,000 litres à l'heure. — Salines
chlorurées-sodiques : 70 à 95°. — Utiles dans les
douleurs articulaires, les rhumatismes, les maladies
de la peau et des os.

HAMMAM NBAILS-NADOR. — A 32 kil. E.-S.-E. de Guelma-
ma, près la route de Guelma à Soukarras. — Plusieurs
sources : 42 à 45°.

EAUX DE NÉDROMAH. — Près de cette localité (subdiv. de
Tlemcen), dans le ravin de l'O. Sbaïr. — 2 sources :
30°

HAMMAM RIGHA (*Analysée*). — A 16 kil. N.-E. de Miliana,
à 7 kil. de Bou-Medfa. — Plusieurs sources : 29 à 67°.
Etablissement civil et militaire. — 216,000 litres par
jour. — Ruines de bassins romains — Salines sulfa-
tées-calciques. — Très avantageuses dans les rhumatismes, les engorgements abdominaux, les lésions
osseuses, les maladies anciennes de la peau, les scrofules, l'anémie, la gravelle, la goutte, les névralgies,
les affections chroniques de la poitrine, la syphilis
constitutionnelle, etc.

HAMMAM-SELAM — A 3 kil. N.-O. de Biskra.

HAMMAM SI BOU ABDALLAH. — A 4 kil. du confluent du
Chélif avec la Mina (prov d'Oran). — Salines sulfatées. — Température assez élevée pour que les Arabes
y cuisent œufs et poules.

HAMMAM SIDI BEL KHEIR. — Près du marabout de ce nom, rive gauche de la Tafna, à 10 kil N.-E de Lella-Maghnia. — Entourée de palmiers, — 700 m. cub par jour. — 36°. — Utilisée pour des irrigations

HAMMAM SIDI BEN CHAA, — Sur le bord du Chéliff, dans les ruines de Técha (prov. d'Oran). — 35°, 40°.

HAMMAM SIDI BOU HANÉFIA (*Analysée*). — Sur la rive droite de l'O. el Hammam, à 20 kil. de Mascara. — 2 sources : 800 litres par heure. — Etablissement militaire. — 63°, 65°. — Réputées dans les affections de la peau, la syphilis, la dyssenterie, la stérilité, les engorgements abdominaux.

HAMMAM SIDI BOU ZID. — Au confluent de la Mina et du Chéliff (prov. d'Oran). — 50°.

HAMMAM SIDI CHEIKH. — A 4 kil. N. de Lella-Maghnia, sur la rive gauche de la Mouïlah. — Plusieurs sources : 500 mèt. cub. en 24 heures. — 34°. — Un dit que ces eaux contiennent du cuivre. — Les Arabes les utilisent sous forme de bains.

HAMMAM SID EL HADJ. — Dans le cercle de Biskra. — Saline chlorurée : 48°.

HAMMAM SIDI MECID. — Tout près de Constantine. — 34°.

MARABOUT SI AHMED BEL KACEM. — A 6 kil. S. de Bou-Daoua, à l'extrémité S.-E. du Chott du Hodna. — Salines magnésiennes. — 13°. — 4 litres par seconde. — Utilisées pour les irrigations.

OUED EL HAMMAM. — Aux environs de Sidi-bel-Abbès. — 58°.

SMALA D'AIN TOUTA. — A 6 kil. S.-O. d'El-Ksour (route de Constantine à Batna). — Nombreuses sources : 10 litres par seconde : 13°33. — Salines sulfatées sodo-magnésiennes.

SOURCES DE L'OUED EL HAMMAM (*Analysée*). — A 20 kil. S.-O. de Mascara, route de Sidi-bel-Abbès. — Plusieurs sources : 2 piscines. — Salines carbonatées calciques : 58°. — Très fréquentées par les Arabes.

SOURCES D'OUM EL SENAM. — Non loin d'Aïn-Iakout (route

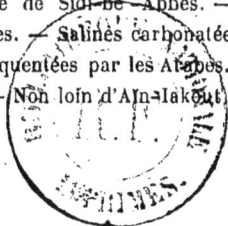

de Constantine à Batna). — 10°. — 15 à 20 litres par seconde. — Chlorurées sodiques. — Servent à l'irrigation des terres.

SOURCES DE ZAATCHA. — Tout près de l'Oasis. — 28°.

A la suite des eaux salines médicinales, il convient de ne pas omettre d'autres richesses thérapeutiques fournies par les sources plus ou moins saturées de chlorures et de bromures, au point de permettre d'y utiliser les liquides à titre d'Eaux-mères, à l'instar des « Mütterlange » des Allemands et des résidus d'évaporation de la Meurthe, du Jura, du Doubs, etc. Ici se placeraient avantageusement, pour des applications à la scrofule, aux maladies de la peau, aux rhumatismes, aux engorgements viscéraux, les MARAIS SALANTS du Sud, les grands CHOTTS CHERGUI ET GHARBI :

LES EAUX DU SUD D'ARZEW (à 12 kil.) ;

LE LAC MISSERGHIN. — A 12 kil. S.-O. d'Oran ;

LE LAC DE MSILAH. — Au S. de Constantine ;

LE LAC DE ZAHRÈZ. — Au S. de la province d'Alger ;

L'OUED EL MELH MTA THABET (cercle de Ténès). — Plus de 300 gram. de chlorure sodique par litre ;

LES EAUX DES BENI-MELAH (cercle de Bougie).— Deux cents grammes de sels sodiques par litre ;

LAC FETZARA. — Au S. O de Bône, près du Col de Fedj-Mabrek (route de Bône à Jemmapes) — Par litre, 6 à 7 grammes de chlorures. — La chasse y fournit des cygnes blancs, des flamands, des grèbes dont la fourrure est renommée ; la pêche donne de gros barbeaux utilisés pour l'huile, la colle de poisson, les salaisons.

L'OUED BOU KETOUN. — Près des Portes de fer : très salées ;

L'OUED AMACIN.
L'ICHKABEN. } Entre la mer et Sétif.

LE DAYAT OUM EL GHELAZ. — A 24 kil. d'Oran : près de 4 grammes de sels sodiques par litre ;

LES EAUX SALÉES DES BENI-AZZOUZ,
 — BENI-ABBÈS,
 — BENI-OURTILANE,
 — BENI-KHATEB,
 — BENI-SMAIL,

} En Kabylie où on les exploite pour l'obtention du sel commun.

Eaux sulfureuses.

Similaires : ENGHIEN, URIAGE, AIX–EN–SAVOIE, LUCHON, SAINT–SAUVEUR, BARÈGES, CAUTERETS, BONNES, AMÉLIE–LES–BAINS, LABASSÈRE, ETC.

—

AIN EL BAROUD (*Analysée*). — A 4 kil. O. de Mouzaïa-les-Mines. — Sulfureuse froide.

AIN EL HAMMAM. — A peu de distance, 5 kil. N., du Ksar Zerguin et à 2 kil. de l'Aïn-Djerob (cercle de Boghar). 42°. — Eaux abondantes, d'un abord peu facile. — Utilisées par les Arabes.

AIN EL HAMMAM (*Analysée*). — A 16 kil. N.-E. de Saïda, à 500 mèt. N. du djebel Tissekedelt. — Grand bassin : 25,000 litres à l'heure. — 56°. — Très renommée chez les Arabes.

AIN KEBRITA (*Analysée*). — Chez les Beni-Chaïb au S.-E de l'Ouarencenis, à 2 kil. E de la maison du caïd Bouzar. — 14 à 15,000 litres à l'heure. — 21°. — Utilisée pour les irrigations.

AIN-M'KEBERTA (*Analysée*). — Chez les Amer-Cheragas, à 50 kil. S.-E. de Constantine, et au bord de la plaine de Touïla. — 16°. — Très employée contre les maladies de poitrine et d'intestins.

AIN NOUISSY (*Analysée*). — Village entre Mostaganem et la Macta, à 5 ou 6 kil. de la mer. — Cuvette naturelle ; 15,000 litres par jour. — 28°.

AIN OKHRIS. — Sur la rive gauche de l'O. Okhris, à 44 kil.

d'Aumale. — 4 sources : 15,000 litres par heure. —
47° et 69°. — Employées par les Arabes dans la gale,
la syphilis constitutionnelle.

AMMI-MOUSSA (Eau d'). — A 16 kil. E. de ce poste — 50°.
Très utilisées par les Indigènes contre les maladies de
peau, les ulcères.

BERROUAGUIA. — A 22 kil S.-E. de Médéa. — 4 sources.
piscine et bassin. — 45° : 3 à 4,000 litres par heure.
— Des Arabes y viennent de loin pour les affections
du foie, la gale.

BIBANS (Source des). — Chez les Ouennougha (cercle de Bordj
bou Arreridj). — Maison et piscine : 3 sources principales. — 118 à 120,000 litres par heure. — 50° et 76°.
— Très accréditées chez les Indigènes pour les rhumatismes, les scrofules, les maladies de peau.

HAMMAM BEN METTSEN A MLELA. — Dans le cercle de
La Calle. — Ruines romaines. — 26°. — Usitées chez
les Indigènes contre les maladies cutanées.

HAMMAM BOU GHARA — A 12 kil. N.-E. de Lella-Maghnia, sur la rive gauche de la Tafna. — Pavillon et
piscines ombragées de palmiers. — Plusieurs sources :
48°. — 600 mèt. cub. par jour. — Fréquentée par les
Arabes pour les douleurs, les plaies ulcérées, la stérilité.

HAMMAM BOU HADJAR (Analysée). — Près d'Aïn-Temouchent, à 1 kil. O. des sources salines de Hammam bou
Hadjar (voir ci-dessus). — Petite maison et 2 bassins :
49°.

HAMMAM BOU-HALLOUF (Analysée). — Aux environs de
Djemilah (prov. de Constantine), au N.-O. du Djebel
Medjada, sur la rive droite de l'O. Bou-Hammam. —
Bassin romain. — 40°.

HAMMAM CHEFIA. — Au pied du Djebel en Nâga, à l'entrée
de la vallée de la Chefia, à 30 kilom. O.-S.-O.
de La Calle et à 40 kil. E.-S.-E. de Bône. — Signalée
aussi sous le nom d'Aïn-Djiballah el Adjen, et comme
se trouvant au milieu des ruines d'*Ad Dianam*. —
Sulfureuse gazeuse : 35°.

HAMMAM EL HAMÉ. — Dans l'Ouarencenis (pr. d'Alger), à 86 kil. S.-E. de Ténès, rive gauche de l'O. el Hammam, à 8 kil, E.-S.-E. de la maison des Caïds du Djebel Ouarencenis. — 4 sources dont la plus forte débite 400 mèt. cub. par jour. — Piscine recouverte en maçonnerie ; cuvette naturelle pour bains. — 42° — Utilisée par les Arabes qui l'appellent « bain des lépreux. »

HAMMAM EL MAZEN. — Tribu du même nom près de La Calle et du lac Oubeira. — Tiède. — Fréquentée par les Arabes dans les affections de la peau.

HAMMAM EL MERDÈS. — Au bout de la plaine des Merdès, à l'E. de Bône et à l'O. de La Calle — Tièdes. — Usitées chez les Indigènes pour les maladies cutanées.

HAMMAM ES-SALAHIN (Analysée). — A 6 kil de Biskra, au pied du Djebel Sfa. — Bassin protégé par un toit : établissement avec gardien. — 46° : 150,000 litres à l'heure. — Utiles dans les affections cutanées et rhumatismales, les lésions traumatiques anciennes, les engorgements viscéraux, les maladies de la peau.

HAMMAM KOURBEIZET. — Dans le cercle de Biskra. — 39°.

HAMMAM MTA DJENDEL. — Dans le cercle de Bône, près du lac Fzara. — 40°.

HAMMAM MTA EL HACHAICH. — Chez les Ouled Chedam (cercle de Guelma) — 60°. — Usitée dans les douleurs rhumatismales et les dartres.

HAMMAM des OULED MESSAOUD. — Entre les Beni-Salah et Bou-Hadjar (cercle de Bône). — 45° et 47°.

HAMMAM DE L'OUED SENIOUR, ou CHENIOUR. — Chez les Guerfa, au S. de Guelma, sur la rive de l'O. Cherf, à l'E. d'Announa. — Sources nombreuses — 50° et 60°.

HAMMAM OULED ZAID. — A 20 kil. N de Soukarras sur la route de Bou-Hadjar. — 32° — Deux piscines — Utilisée dans les maladies de la peau.

HAMMAM SIANE (Analysée) — A 40 kil. N.-E. d'Aumale, en Kabylie, au delà de la forêt de Ksenna, près de l'O.

3

Siane. — 9 sources : 9,000 litres à l'heure. — 30°,
59° et 70°. — Vantées par les Indigènes contre les
maladies de la peau.

HAMMAM SIDI AIT. — A 52 kil. S.-O d'Oran, sur la rive
droite de l'O. Soughaï, près de son confluent avec le
Rio-Salado. — 4 à 5,000 litres par jour. — Sulfureuse
gazeuse : 52°. — Très suivie par les Arabes qui l'utilisent, en outre, pour un bain maure.

HAMMAM SIDI-TRAD. — Près la frontière de Tunis, à 40
kil. de La Calle. — 2 sources abondantes — 57° et
65°. — Cascade utilisée pour douches par les Arabes
— Très fréquentées par les Indigènes.

HAMMAM TASSA *(Analysée)*. — Dans un défilé à l'E. de
Soukarras, sur la route de Taoura. — 43°. — Très
utilisée par les Arabes. — Très chargée en sulfure al-
calin. — Un gourbi sert d'établissement.

OUED HAMIMIN (Eaux de) *(Analysée)*. — A 6 kil. de Jemmapes. — Ruines de piscines romaines, sur la rive
droite de l'O Hamimin. — Etablissement avec chambres et baignoires françaises. — 40° et 43°. — Employées dans les affections rhumatismales, articulaires et musculaires, la goutte, les névralgies, les dartres,
les ulcères.

OUED EL HAMMAM (Sources de) *(Analysée)*. — A 32 kil
S.-E. d'Aumale, dans la forêt du Ksenna. — Quelques
constructions. — 64°. — Employées par les Arabes et
les colons d'Aumale.

— HAMMAM EL HALFA (parce que les Arabes y font ma-
cérer l'halfa). *(Analysée)*.— A 200 m des précédentes.
— 64°.

— HAMMAM MESQUINE (c'est-à-dire des gens très malades). *(Analysée)*.— A 100 m. de la précédente. — 38°.
Souvent utilisées par les Arabes contre les manifesta-
tions invétérées de la syphilis.

— AIN EL KEBIR et AIN EL SEGHIR *(Analysée)*. — A
quelques mètres de la précédente. — Très abondantes. — 58°.

— HAMMAM DJEROB (c'est-à-dire le bain de la gale. (*Analysée*).— A 300 m. S -E. des précédentes.— **24°**.

OU-D MALAH (Sources de) (*Analysée*). — A 8 kil. N.-E. de Lella-Maghnia, au-dessus du confluent de la Mouilah. 100 mèt. cub. par jour. — **30°**.

OULED ANTEUR (Eaux des) (*Analysée*). — Dans une forêt à quelques kilom. à l'O. de Boghar. — **16°**. — Usitées chez les Arabes dans la faiblesse constitutionnelle, les affections catarrhales, dartres, rhumatismes, syphilis.

Eaux thermales simples.

Similaires : Chaudes-Aigues, les Sources thermales en général.

—

AIN BOU MERZOUG — Sur la route de Constantine à Batna. — Ruines romaines. — **26°**. — 540 litres par seconde.

AIN DJELLABAH EL ADJEN. — Près de La Calle, au bout de la plaine de Dréan, dans la vallée qui sépare le pays de la Chafia, de la tribu des Beni-Amar. — Température (?) très élevée — Employées par les Arabes dans les maladies de peau.

AIN EL HAMMAM. — A 28 kil. O. du caravansérail de Guelt es Settel (la Citerne du Seau), au S. de Boghar. — Chaudes.

AIN MERDJA. — Sur la rive gauche de la Tafna, à 5 kil. S. de son embouchure, à 1,500 mèt. des ruines romaines de Takembrit. — **25°**

AIN SEFIAN. — A 11 kil. N.-N.-O. du Bordj Seggana, chez les Lakhdar Alfaouia, à 25 kil. de Barika et 35 de Mgaous (bassin du Hodna, région orientale). — **24°**. — Débit de 120 à 150 litres par seconde. — Utilisée pour les irrigations. — Ruines romaines.

AIN ZERGUIN. — Dans la prov. d'Alger, au pied du Djebel Daoura. — **26°**. — **200** litres par seconde.

DJELFA (Sources des environs de). — 29°. — 3 à 4,000 mèt. cub. par heure.

ENCHIR EL HAMMAM. — A 32 kil. de Guelma, un peu au-dessus de l'embouchure de l'O Hammam et de l'O. Rbihâ. — Vestiges de constructions romaines : baignoire naturelle — 32°.

HAMMAM MSILA. — Dans les gorges du Hodna, sur la route de Bordj à Msila. — 43° C.

HAMMAM SI ALI LABRAK (le *Nalpotès* des Romains), appelé aussi « Hammam Mta Mohamed ben Ali Labrak. » — A 700 mèt du pied du Kef el Hammam, à l'E. et à 1 kil de Thonga, près de La Calle (à 11 kil. S –E.) — 35°. — Utilisées par les Arabes dans les affections cutanées

HAMMAM SIDI MIMOUN. — Au S. de Constantine, près du Rummel et la Porte Vallée. — Sous une voûte ancienne. — 120 litres par minute. — 31°.

OUED HADJIA (Sources de) *(Analysée)* — A 6 kil. N –E. du village de Cherf (Cercle de Djelfa). — Nombreuses sources ; 20,000 litres à l'heure. — 33° et 36°. — Servent à l'irrigation.

ROUS EL AIOUN. — A 8 kil. S. de Biskra. — 21°50 à 27°33. Faiblement saline-chlorurée. — Débit assez important

VIEUX-TÉNÈS (Source du). — Dans le lit de l'O. Allélah. — Vestiges de constructions romaines ; bain maure établi auprès. — 30°. — 180 litres à l'heure.

————

En demandant à ce que l'Administration supérieure veuille bien accorder quelque attention à la présence des sources minérales, toutes les fois qu'il s'agira de choisir l'assiette d'un village ou la direction d'une voie de communication, il

est loin de notre pensée de songer à entraîner le
Gouvernement ou les populations intéressées
dans des frais exagérés de construction pour l'utilisation et l'exploitation de ces précieux liquides.
Certainement de modestes abris, quelques travaux de captage, d'aménagement suffiraient, dès
le début, pour permettre tout juste l'abord, l'usa-
ge, l'embouteillage de ces eaux. Comme l'a dit
avec raison M. l'ingénieur en chef Ville, « la
meilleure manière de tirer parti des sources thermales ou minérales de l'Algérie, paraît être de
construire des établissements qui coûtent peu et
de ne pas chercher à imiter les grands établissements d'eaux minérales d'Europe. » On ne sau-
rait raisonnablement demander davantage pour
le moment : nous ne devons pas oublier que l'Algérie en est encore aux tâtonnements, aux pre-
miers pas de la colonisation et de l'implantation,
et qu'avant de songer au luxe, au superflu, il
faut ici commencer par s'assurer le nécessaire et
l'utile.

Les esprits timorés ou toujours enclins à une
opposition systématique, ne manqueront pas de
dire qu'avant de lancer les populations dans l'utilisation des sources minérales du pays, il fau-
drait d'abord bien connaître l'action médicale et
la composition chimique de toutes ces eaux.
Voilà un cercle vicieux dont on doit se méfier.
La parfaite expérience des propriétés des sources ne peut précisément s'acquérir que par la

pratique médicale basée sur une grande échelle :
d'ailleurs, en se guidant sur l'emploi que les Indigènes en font de temps immémorial, ne serait-
on pas déjà suffisamment autorisé à exploiter la
plupart des eaux de la colonie ? Et si vous vou-
lez que les médecins étudient les rapports de la
nature chimique et des propriétés thérapeutiques
des sources disséminées à profusion dans nos
trois provinces, regardez tout au moins comme
très indispensable qu'ils soient à proximité de
chacune d'elles, et qu'ils en puissent sérieuse-
ment suivre et contrôler les effets sur les populations locales.

A ce point de vue, l'utilisation sur place de ces
liquides médicinaux ou hygiéniques aurait déjà
pour garantie protectrice, pour guide compétent,
le médecin de colonisation qui est attaché par
l'Administration supérieure à la plupart des centres agricoles. La présence permanente de ce
praticien entraînerait certainement près des sources l'établissement modeste de piscines conve-
nables, d'une ambulance hospitalière; en tout
cas, elle ne tarderait pas à régulariser l'emploi
de ces eaux bienfaisantes, dont jusqu'ici les Indigènes (Arabes et Israélites) usent et abusent
étrangement, ne trouvant jamais près de ces
sources l'autorité compétente du praticien.

Non seulement les malades de nos villages algériens utiliseraient avantageusement sur place
certaines eaux minérales, ce qui empêcherait

bien des affections de passer à l'état chronique ;
mais encore les colons préviendraient ou dissipe-
raient rapidement un grand nombre d'indisposi-
tions, en employant même comme boissons de
table les eaux soit médicinales, soit hygiéniques
telles que les eaux gazeuses. On comprend de suite
l'économie qui en résulterait pour l'assistance
hospitalière, tout le bien-être qu'en ressentirait
la santé des populations immigrantes et surtout
celle de leurs familles. Que de jeunes constitu-
tions affaiblies par les difficultés de l'allaitement,
les orages de la dentition ou l'influence du climat, récupéreraient promptement, par cette action prolongée des eaux minérales de la localité,
la vigueur et la régularité fonctionnelles ! Que
d'accidents ou d'infirmités inséparables d'une
croissance pénible ou contrariée seraient rapidement conjurés ! Et les convalescences si lentes
dans les hôpitaux, si chèrement consolidées par-
fois au prix du changement de climat, ne seraient-
elles pas obtenues avec plus de facilité et surtout
plus d'économie, pour les familles comme pour
l'assistance publique, auprès de ces thermes si
peu éloignés du foyer domestique, de nos postes
militaires, de nos établissements hospitaliers ?
Bénéfice net : diminution de la durée et des frais
de convalescence, d'envois aux eaux en France,
des passages à titre gratuit.

Et, si je ne m'abuse, notre colonie ne se dé-
peuplerait plus chaque année à l'approche du

trimestre d'été : nos concitoyens aisés perdraient l'habitude d'aller, par leur émigration périodique, discréditer le climat algérien et de jeter ainsi dans notre commerce colonial un allanguissement régulièrement renouvelé. Il ne manque point, dans les régions élevées de nos trois provinces, de stations balnéaires dont les propriétés médicinales, les sites pittoresques, la salubrité légendaire attireraient avec succès les valétudinaires et les familles favorisées de la fortune. Les Algériens en général connaissent peu ou mal l'Algérie ; les voyages sanitaires, auxquels je fais allusion, tourneraient certainement au bénéfice des relations sociales, commerciales et industrielles, et cette perspective d'une circulation active et utile entre les cités principales de notre colonie doit paraître séduisante à tous les points de vue.

Comment ! l'Algérie a des eaux rivales de Vichy, de Vals, de Condillac, de Saint-Galmier, de Bourbonne, et elle n'en profite pas ! Mais Vichy exporte près de 2 millions 1/2 de bouteilles, et St-Galmier 4 à 5 millions !

Bien mieux, l'Algérie a reçu de France en 1874 216,608 kilogr. d'eaux minérales, et de l'étranger 428 kilogr., total 217,036 kilogr., soit un chiffre égal de litres. En évaluant à un franc, en moyenne, la bouteille, ce serait donc plus de 200 mille francs dont le commerce des eaux minérales propres à l'Algérie pourrait bénéficier. Inutile d'ajouter que si les plus importantes de nos sources étaient en exploitation, leur produit commercial dépasserait de beaucoup les chiffres ci-dessus, d'une part parce qu'on les utiliserait sur une plus vaste échelle, de l'autre, parce que les frais de transport étant moindres, on en consommerait bien davantage. Et puis, l'industrie de la verrerie, qui tend à s'implanter dans la colonie, n'y trouverait-elle pas également un débouché précieux ? De même pour celle du liége.

D'ailleurs, un certain nombre de ces eaux qui tombent en cascades puissantes pourraient être utilisées soit pour des usines à diverses destinations, soit pour l'exploitation de gîtes métallifères, soit pour des douches, comme l'ont fait les Arabes.

La chaleur élevée de plusieurs sources est employée par les indigènes pour les étuves des bains maures, pour le rouissage des matières textiles.

Il en est de même des sebkha, des lacs salés fort étendus de la région du Sud, exploités comme salines par les gens du pays : ainsi ceux d'Arzew, de Zahrèz, de Misserghin, les chotts Chergui et Gharbi, etc. Ne serait-ce pas une richesse tout à la fois industrielle et médicale pour les centres de populations appelés aux travaux de salpêtrerie, d'extraction du sel, et à la pêche des éponges dont la naturalisation pourrait être utilement essayée dans ces étangs salés ?

Quant aux applications à la cure des animaux

4

de prix ou de luxe, la médecine vétérinaire ne sera pas embarrassée pour tirer bon parti de nos sources minérales. Les annales de la science ont enregistré « les succès obtenus à Cauterets, à Luchon, au Mont-Dore, sur des chevaux atteints de maladies chroniques de la poitrine, à Bourbon l'Archambault sur des chiens de chasse rhumatisants (1). » J'ai rappelé, il y a vingt ans (2), les brillants succès obtenus par M. Ughetti, vétérinaire du régiment de Piémont-Royal (1846) avec les eaux sulfureuses iodo-bromurées de Challes (Savoie), dans la morve aiguë, les éruptions farcineuses, herpétiques, les gourmes, la faiblesse générale, le lymphatisme exagéré. Nos haras algériens, créés et entretenus à de si grands frais, auraient certainement recours à ces puissantes médications hydro-minérales.

Enfin, en agriculture, le sol algérien qui souffre de la soif pendant la période estivale, ne se trouverait-il pas opportunément étanché *dans certains parages* par le trop plein des sources minérales voisines, simplement aménagées ou contenues par de modestes barrages ? La qualité et la température de ces eaux employées aux arrosages, aux irrigations, donneraient peut-être lieu

---

(1) *Nouv. Dict. de Méd. et de Chir. pratiq.* 1870, t. XII, p. 254.

(2) *Nouvelles Etudes sur les Eaux de Challes,* 1855, p. 8.

à d'intéressantes observations. Les prairies de
l'Europe sont fertilisées par les amendements,
pourquoi n'en serait-il pas de même dans les pays
chauds, avec des eaux naturellement chargées de
de sels potasse, de chaux, de magnésie, de soude,
etc.? Il est surabondamment établi que la valeur
agricole des terrains est subordonnée à la nature
des roches granitiques, schisteuses, argileuses,
calcaires, etc., qui en constituent la composition :
ainsi les plantes marines prospèrent dans les sols
chargés de chlorures alcalins ; les légumineuses,
sur des sols amendés par la chaux et la marne ;
les urticées, les borraginées, sur des sols riches
en nitrates de potasse et de chaux, etc. De même
le bétail des terrains granitiques est petit et ché-
tif ; celui des sols calcaires robuste et bien déve-
loppé. Le traitement des terres par certaines
eaux minérales n'aurait-il donc pas ici des indi-
cations spéciales auxquelles nos sources surabon-
dantes pourraient donner satisfaction ? Faut-il
rappeler que les Sebkha, les eaux fortement salées
de nos régions méridionales confèrent aux terrains circonvoisins le privilège de fertiles pâtu-
rages ? Il est donc permis de penser que les
grandes quantités d'eaux minéralisées perdues
actuellement à la surface de l'Algérie, pourraient
être employées avec avantages à créer, entretenir
en temps opportun, des cultures spéciales, des
ressources de fourrages verts indispensables à
l'élève du bétail et à la multiplication des engrais.

Est-ce à dire, toutefois, que la question soule-
vée dans ce travail soit restée complètement
négligée jusqu'à ce jour ? Non certes. La création de villages près des sources de Bou-Hadjar,
de Mouzaïaville, est un indice de l'importance
bien admise d'un tel voisinage ; mais, en définitive, ce ne sont-là que des exceptions, et tout
nous semble devoir faire vivement désirer qu'il
n'en soit plus ainsi à l'avenir. C'était probable-
ment aussi l'avis de la Commission de colonisation et d'immigration de la province d'Alger,
bien qu'en 1874 elle n'ait proposé d'établir un
centre de population qu'à Hammam-Rira : « les
deux établissements thermaux actuels, disait son
Rapporteur, manquent des objets d'alimentation
les plus indispensables à la vie matérielle : la
création d'un village sur ce point contribuerait à
la prospérité de cet établissement et au bien-être
des baigneurs (1). » — Que dire, après tout, de nos
quelques hôpitaux thermaux, à peine fréquentés,
malgré la solide renommée de leurs eaux ? La
statistique générale de l'Algérie, publiée par le
Gouvernement général, donne les chiffres sui-
vants pour 1874 : celui d'Hammam-Rira n'a reçu
officiellement que 109 militaires et 19 civils ;
les Bains de la Reine, 43 militaires et 5
civils ; Hammam-Meskoutine, 84 militaires et

---

(1) *Rapport d'ensemble à la Société d'agriculture
d'Alger*, p. 45 : M. Ville, rapporteur.

1 civil, alors que des milliers d'indigènes y
sont venus, et de bien loin, chercher la guérison !

Au résumé, en plaçant désormais, le plus qu'il
sera possible, de centres de population dans le
voisinage de nos sources minérales, on facilitera
les aménagements et l'utilisation de ces derniè-
res ; on y rendra possibles la vie matérielle et les
distractions ; on créera une industrie nouvelle
qui sollicitera certainement l'intervention de
grandes Compagnies d'exploitation ; on amélio-
rera la santé publique ; on retiendra dans la colonie les sommes considérables que les Algériens,
soit par habitude de déplacement, soit sous le
prétexte des chaleurs estivales, soit par néces-
sité de traitement, vont chaque année porter au
de là de la Méditerranée ; on appellera et con-
servera dans le Nord de l'Afrique les étrangers
valétudinaires auxquels nos sources minérales se-
ront ordonnées comme complément de l'influence climatérique ; on enrichira l'agriculture,
la multiplication des espèces animales, et le commerce par l'attrait des relations entre les trois
provinces ; prospérité à laquelle le réseau de nos
voies ferrées s'empressera de prêter le concours
de ses mailles plus resserrées.

Ces perspectives, assurément séduisantes, ne
sauraient paraître entachées d'exagérations. Il est
bon, dans l'intérêt d'un rapide mais sage développement de ce beau pays, de répéter cette parole

de l'Ingénieur des Mines le plus expérimenté en pareille matière (1) :

« L'exploitation des eaux minérales, dont le bénéfice s'adresse à toutes les classes, et qui contribue à la santé publique, a pris une place marquée parmi les branches de la richesse générale. »

---

(1) M. François : *Rapport du Jury international de l'exposition universelle de 1867 sur les travaux de captage des Eaux minérales et sur les établissements thermaux.*

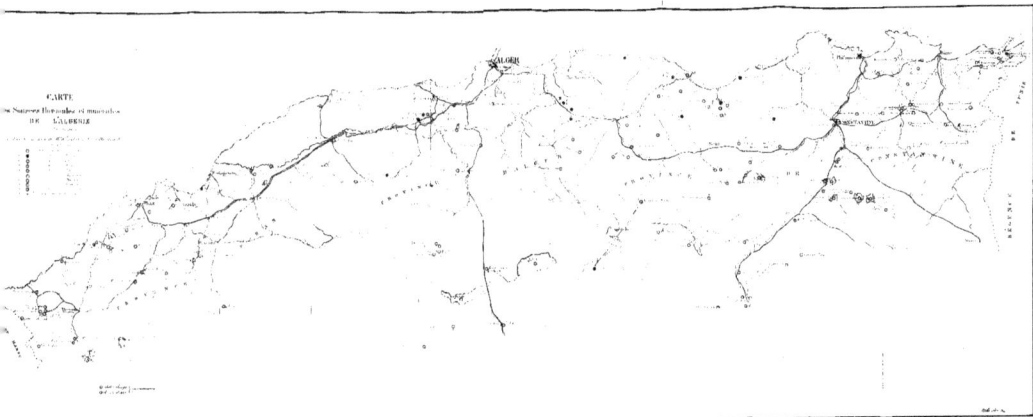

OUVRAGES CONSULTÉS :

1° VILLE. Recherches sur les Roches, les Eaux et les Gîtes minéraux des provinces d'Oran et d'Alger. 1852.

2° — Notice minéralogique sur les provinces d'Oran et d'Alger. 1858.

3° — Notice sur les Gîtes minéraux et les Matériaux de constructions de l'Algérie. 1869.

4° — Exploration géologique du Beni-M'zab, du Sahara et de la région des Steppes de la prov. d'Alger. 1872.

5° PAPIER. Essai sur le Catalogue minéralogique algérien 1873.

6° FOURNEL. Richesse minérale de l'Algérie. 1849. 2 vol.

7° Mémoires de Médecine et de Pharmacie militaires.

8° Gazette médicale de l'Algérie (1855-1875)

9° Bulletin de la Société des Sciences physiques, naturelles et climatologiques d'Alger (1864-1875).

E. BERTHERAND. 1° De l'Emploi thérapeutique des Eaux minérales de Teniet-el-Hâad. 1849.

— Hygiène et Médecine des Arabes. 1855.

12° — Les Eaux minérales et les Bains de mer en Algérie. 1860.